花甜點

華麗美味的可食花甜點 44 品

午茶時光、禮物、紀念日
都合適的花朵甜點浪漫盛開！

袴田尚弥◎著

FLOWER SWEETS

INTRODUCTION

前言

以食用花作成的點心和料理，正掀起熱潮！

食用花（edible flower），所指的就是能食用的花，
並非作為觀賞用途，而是為了食用而特別栽培的花卉。

本書將介紹使用了大量的食用花，
而且一般家庭輕鬆簡單就能製成的48道美麗甜點。
擺飾花朵、烘烤、用在涼菓上等等，各有訣竅，
因此我特別針對了各個製程，作了相當多的研究。

食用花，有味道、有香氣、有營養嗎？
雖然有些帶有淡淡甜味、辣味、苦味、酸味，
但幾乎都沒有強烈的味道和香氣。
想要強調花朵的味道和香氣時，
本書會選用花草茶用的乾燥花。

關於食用花的營養價值，隨著近年的研究發現，
部分花卉含有豐富的維他命C、維他命A等成分。
吃漂亮花朵的同時，又能吃進營養，多令人開心啊！

吃花，是專屬於大人的奢華饗宴。
花朵盛開的點心，在特別的時刻，為了特別的人而製作。
當然，也能為了犒賞自己而作。

素色的烤餅乾上撒上食用花，
或在果凍和冰淇淋裡放進幾朵花，
只要這麼一個小步驟，日常的點心就瞬間變得不平凡，
滿滿的心意也瞬間從無形化為有形。

別想得太難，其實就像香草植物一般，食用花的利用非常簡單。
而裝飾的花朵，也不見得一定要依照食譜，
可以隨著季節和個人喜好，自由地調整搭配。

希望每一盤盛裝了花朵的甜點，
能帶給各位，以及各位心中那位特別的人，幸福與快樂。

CONTENTS

本書的使用說明

・1ml＝1cc
・1大匙＝15ml
・1小匙＝5ml
・1杯＝200ml
・微波加熱時間以500w微波爐為基準。如果是600w微波爐，請將本書所標示時間縮減至80％，進行加熱。
・使用烤箱時，無論是電烤箱或瓦斯烤箱，基本上都請照本書的說明進行。
　但因火力會依各廠牌而異，請依狀況在溫度加減5度，時間加減5分鐘的範圍內進行調整。
・所使用的蛋為M尺寸。
・本書部分食譜使用吉利丁，茹素者可自行替換成吉利T等材料。

PART 1
GIFT

各式各樣容易攜帶的烘焙點心，
無論是當伴手禮、活動小禮物，
或參加自帶菜餚的派對……皆能派上用場。
想像著對方收到禮物時的笑臉和充滿驚喜的歡呼聲，
一邊輕撒、拌勻，或裝飾上漂亮的花朵吧！

向日葵核桃磅蛋糕

核桃和種籽的口感與香味，為磅蛋糕增添好滋味。
乾果仁燒烤後會變硬，因此一定要先以牛奶泡軟。

材料（長17×寬7×高6.5cm的磅蛋糕模一個分）

向日葵花瓣 —— 適量
奶油（無鹽）—— 100g
椰糖※1 —— 85g
全蛋液 —— 2顆分
米油※2 —— 1大匙
楓糖漿 —— 20ml
A | 低筋全麥粉 —— 40g
　 | 低筋麵粉 —— 95g
　 | 泡打粉 —— 1小匙
B | 無花果乾 —— 30g（切成1cm丁狀）
　 | 椰棗乾（加糖）—— 30g（切成1cm丁狀）
牛奶 —— 50ml
C | 核桃 —— 20g（大致切碎）
　 | 向日葵籽 —— 20g
D | 向日葵籽 —— 1大匙（裝飾用）
　 | 南瓜籽 —— 1/2大匙（裝飾用）
　 | 核桃 —— 1大匙（裝飾用）
◉糖霜
E | 糖粉 —— 60g
　 | 水 —— 2小匙
　 | 檸檬汁 —— 1小匙

※1 也可以使用細砂糖。
※2 沒有雜味的沙拉油也OK。

前置作業

· 將A料混和後過篩。
· 奶油放在室溫下軟化。
· 將B料和牛奶放入耐熱皿中，微波加熱1分
　30秒。
· 烤箱預熱至180℃。

作法

1 在調理盆中加入奶油（無鹽）和椰糖，以
電動攪拌器充分攪拌至乳霜狀。

2 將全蛋液少量多次加入步驟1中，繼續攪
拌呈乳霜狀。

3 將米油和楓糖漿加入步驟2中，以攪拌器
攪拌後，加入A料並以橡皮刮刀拌勻至看
不見粉末，整體出現光澤後，加入B料和
C料，繼續攪拌。

4 蛋糕模鋪上烘焙紙，倒入步驟3，並將表
面刮平。以刀子在麵糊表面的中央縱向劃
一刀，深約1公分。

5 將步驟4放入已預熱的烤箱中，烘烤45至
50分鐘。出爐後脫模放至網架冷卻。

6 將E料混合均勻，以湯匙淋在蛋糕上
（a），並撒上D料和向日葵花瓣（b）即
完成。

石竹白花苜蓿薰衣草
蜂蜜藍莓大理石蛋糕

杏仁蛋糕體搭配大量的新鮮藍莓，相當奢華的磅蛋糕。
要作出漂亮的大理石紋，要訣就在於不過分混合麵糊和果醬。

材料（長17×寬7×高6.5cm的磅蛋糕模一個分）

石竹、白花苜蓿、羅勒花＆葉、
薄荷、三色堇、玫瑰 —— 各適量
自製薰衣草蜂蜜（P.69）※ —— 大匙
乾燥薰衣草 —— 1小匙
奶油（無鹽）—— 120g
糖粉 —— 80g
全蛋液 —— 2顆分
A 低筋麵粉 —— 80g
　 泡打粉 —— 1/2小匙
　 杏仁粉 —— 40g
藍莓醬 —— 60g
藍莓 —— 40g（裝飾用）
◉糖霜
B 糖粉 —— 30g
　 檸檬汁 —— 1/2小匙
　 水 —— 1小匙

※也可以使用市售品。

前置作業
・A料混合後過篩。
・奶油放在室溫下軟化。
・烤箱預熱至180℃。

作法

1 在調理盆中放入奶油，以電動攪拌器攪拌至乳霜狀，加入糖粉後繼續攪拌均勻。

2 將全蛋液少量多次加入步驟1中，攪拌至乳霜狀。

3 在步驟2中加入薰衣草蜂蜜、乾燥薰衣草、A料，並以橡皮刮刀拌勻至看不見粉末，整體出現光澤為止。

4 磅蛋糕模鋪上烘焙紙，倒入一半的步驟3後，將表面刮平，抹上一半的藍莓醬（a）。接著將剩下的步驟3倒入，淋上剩餘的藍莓醬（b），以刀子的前端，如同畫不規則線般輕攪麵糊（c），拉出大理石紋。在麵糊表面的中央縱向劃入一刀，深約1公分。

5 將步驟4放入已預熱的烤箱中，烘烤45至50分鐘。出爐後脫模放至網架冷卻。

6 將B料混合均勻後，以湯匙淋在蛋糕上，放上藍莓，並裝飾上食用花即完成。

菊花蒔蘿司康

為了讓成品即使切成美式的大尺寸，也依然美味好吃，
而刻意減低了甜度。若搭配上酸奶油，就是一道早餐極品。

材料（7個分）

菊花 —— 3朵
A ｜ 低筋麵粉 —— 200g
　｜ 全麥粉 —— 50g
　｜ 泡打粉 —— 2小匙
奶油（無鹽）—— 60g
B ｜ 黍砂糖 —— 30g
　｜ 全蛋液 —— 1顆分
　｜ 原味優格（無糖）—— 50g
　｜ 牛奶 —— 2大匙
蒔蘿、藏茴香籽 —— 各1大匙

前置作業

・奶油放入冰箱冷藏。
・將A料混合後過篩，放入冰箱冷藏。
・烤箱預熱至200℃。

作法

1 在大調理盆中放入A料、切成1cm丁狀的奶油，以刮板切拌混合（a）。

2 以手指將麵粉和奶油搓合（b），直到呈現鬆散的砂粒狀。

3 依序在步驟2中加入B料、2朵菊花的花瓣後，以刮板稍微拌勻。不要過度攪拌，即使殘留些許粉末也無妨。

4 烤盤鋪上烘焙紙後，放上步驟3，並塑形成3cm高的橢圓形。斜切數刀，並撒上蒔蘿、藏茴香籽＆剩餘的菊花花瓣（c）。

5 放入已預熱的烤箱中，烘烤約20分鐘即完成。

薰衣草百香果
生起司蛋糕

酥底加入了薰衣草，不僅香氣增強，也變得更加可口。
薰衣草和百香果是絕佳搭配。

材料（直徑15cm的環狀模型1個分）

琉璃苣、三色堇、薰衣草、香堇菜
　　── 各適量
A｜奶油起司 ── 110g
　｜馬斯卡彭起司 ── 45g
　｜原味優格（無糖）── 100g
　｜薰衣草蜂蜜 ── 2大匙
　｜檸檬汁 ── 1大匙
B｜吉利丁粉 ── 7.5g
　｜水 ── 2大匙
鮮奶油（乳脂含量35%）── 100ml
◉酥底
C｜全麥消化餅 ── 50g
　｜核桃、杏仁 ── 合計25g（約各半）
　｜椰棗乾（加糖）── 20g
　｜乾燥薰衣草（花草茶用）── 1大匙
奶油（無鹽）── 30g
◉淋醬
自製薰衣草蜂蜜（P.69）※ ── 1大匙
百香果果汁 ── 2大匙

※也可以使用市售品。

前置作業
・A料中的奶油起司，微波加熱2分鐘軟化。
・將奶油放入耐熱皿中，微波加熱1分鐘融
　化。此時不須封上保鮮膜。
・將B料中的吉利丁粉與水混合膨脹。

作法

1 製作酥底：將C料放入食物調理機中，打
　至粉狀後，加入融化的奶油繼續攪拌。

2 在模型裡鋪上保鮮膜，作出底面後，周圍
　以橡皮筋固定，防止底面鬆落。將步驟1
　鋪進模型底部，放入冷凍庫1小時，使其
　變硬。

3 將B料隔水加熱溶解。在調理盆中放入A
　料，以打蛋器充分攪拌後，將B料一口氣
　倒入，繼續攪拌均勻（吉利丁變涼後才攪
　拌，會使粉末結塊，務必趁熱進行）。

4 另取一調理盆放入鮮奶油，打至8分發
　（呈角狀挺立的程度）。

5 將步驟3過篩後加入步驟4的調理盆，並以
　橡皮刮刀攪拌。

6 將步驟5倒進步驟2的模型中，刮平表面，
　冷藏2小時以上凝固。

7 將蛋糕從模型中取出，擺放到平盤上。淋
　上自製薰衣草蜂蜜，裝飾上食用花，再淋
　上百香果汁即完成。

乾燥薰衣草（花草茶用）
能達到舒壓的效果，特徵是濃
郁的香氣。

押花糖果

光看就讓人開心的可愛糖果。
要訣在於溫度的控制，溶化砂糖時要慢慢攪拌，並注意溫度不要過高。

材料（直徑4cm的糖果10個分）

波斯菊、香菫菜、石竹、萬壽菊、幸運草等的
押花 —— 合計共10片
A 水 —— 50ml
　玉米糖漿 —— 100g
　細砂糖 —— 200g

作法

1 將A料放入鍋中，以中火加熱，開始溶化
　後，以橡皮刮刀慢慢攪拌，讓溫度緩慢上
　升到150度（若攪拌太快，砂糖會結晶。
　不要加熱過快，勿讓砂糖呈焦糖色）。倒
　進耐熱量杯中。

2 烤盤鋪上烘焙紙，倒入少量的步驟1，作
　出直徑4cm的圓形後，以筷子或鑷子將押
　花放上，再繼續倒入步驟1。輕輕擺放上
　竹籤後待其冷卻（a）。

如果想要作出工整的圓形，
可以利用市售的糖果模型，
或者可以在烘焙紙上鋪上玉
米粉，以杯底壓出圓形凹
痕，利用凹痕就能作出漂亮
的圓形糖果。只是若使用玉
米粉，糖果會變得不透明，
此時可利用毛刷將玉米粉清
除乾淨。

玫瑰薰衣草覆盆子
白色太妃糖

將白色太妃糖隨意折成不規則的大小盛盤，會更可愛。
改用黑色巧克力也同樣美味，此時可搭配橙色系的花朵，增添出艷麗。

材料（長35×寬23cm的太妃糖一塊分）

奶油（無鹽）—— 125g
A　細砂糖 —— 150g
　　水 —— 1又1/2大匙
　　醋 —— 1/2大匙
　　乾燥薰衣草（花草茶用，P.15）—— 1大匙
杏仁 —— 125g
白巧克力鏡面醬 —— 100g
B　夏威夷豆 —— 8粒
　　椰絲 —— 1大匙
　　乾燥玫瑰（花草茶用，P.23）—— 1大匙
　　乾燥覆盆子 —— 8粒
　　乾燥薰衣草（花草茶用，P.15）—— 1/2大匙
　　覆盆子粉 —— 適量

前置作業

・杏仁以150℃烘烤後，大致切碎。

作法

1 將奶油放入鍋中，以中火加熱，開始融化後，將A料依序加入。以木鏟攪拌，一邊注意不要焦掉，一邊讓溫度上升到149度。

2 到達149℃後，將鍋子從爐火移開，加入大致切碎的杏仁。稍微攪拌後，馬上倒在烘焙紙上，並以橡皮刮刀刮平（a）。於表面鋪上烘焙紙，以擀麵棍擀成厚度5mm，長35×寬23cm左右的大小（b）。

3 白巧克力鏡面醬隔水加熱溶化後，以橡皮刮刀平鋪在太妃糖的表面（在變硬前迅速地平均鋪上）。

4 在步驟3的表面撒上B料，等巧克力完全凝固後，以手折成喜歡的大小即完成。

香蕉椰子石竹
烤多拿滋×4

不油炸而改以烘烤方式製作，有著綿密結實口感的多拿滋。
香蕉和椰子是最佳搭檔，請選用已熟成的香蕉。

材料（直徑9cm的多拿滋模5個分）

A　蛋 —— 1顆
　　純豆奶（或牛奶）—— 3大匙
　　黍砂糖 —— 30g
　　椰子油 —— 1又1/2大匙
　　原味優格（無糖）—— 3大匙
香蕉 —— 1/2根（60g）
檸檬汁 —— 少量（抑止香蕉變色用）
香草精 —— 適量
B　低筋全麥粉 —— 100g
　　杏仁粉 —— 100g
　　泡打粉 —— 1小匙
　　小蘇打 —— 1/2小匙
椰子粉（乾燥椰子）—— 20g
◉蜂蜜糖霜石竹（2個分）
石竹 —— 適量
蜂蜜糖霜
C　糖粉 —— 6大匙
　　純蜂蜜 —— 1大匙
　　牛奶 —— 1大匙
　　玫瑰香精 —— 適量

前置作業
・將B料混合後過篩。
・烤箱預熱至180℃。
・模型內塗上椰子油（分量外）。

作法

1　先製作烤多拿滋：香蕉淋上檸檬汁後以叉子壓成泥。

2　將A料放入調理盆中，充分拌勻。

3　在步驟2中加入B料、椰子粉，以橡皮刮刀充分攪拌。接著加入步驟1、香草精，繼續攪拌。

4　將步驟3填入擠花袋後，擠入模型中約8分滿，刮平表面。放入已預熱的烤箱中，烘烤25分鐘。

5　接著製作蜂蜜糖霜石竹口味的烤多拿滋：將C料放入耐熱容器中，充分攪拌後，微波加熱40秒，不需封上保鮮膜。趁蜂蜜糖霜微溫時，將剛烤好的多拿滋表面沾上蜂蜜糖霜（a），撒上石竹。

多種變化！

◉椰絲波斯菊白巧克力多拿滋
將剛烤好的多拿滋沾上巧克力鏡面醬，撒上椰絲和波斯菊。

◉覆盆子石竹白巧克力烤多拿滋
將剛烤好的多拿滋沾上巧克力鏡面醬，撒上覆盆子粉和石竹。

◉向日葵籽巧克力烤多拿滋
將剛烤好的多拿滋沾上巧克力鏡面醬，撒上向日葵籽和開心果。

乾燥玫瑰穀麥棒

健康點心棒，所含的食材不僅能美肌，還有排毒效果。
咬一口就有淡淡玫瑰花香，連心情也跟著和緩了。

材料（長26×寬16cm的烤盤1個分）

A   大麥 —— 100g
    杏仁片 —— 40g
    核桃 —— 40g
    向日葵籽 —— 20g
    南瓜籽 —— 10g

B   蔓越莓、黑醋栗 —— 合計50g（約各半）
    無花果乾 —— 1個（20g，切小塊）
    全麥粉 —— 1大匙

C   玫瑰醬（P.85）—— 1大匙
    椰棗乾（加糖）—— 20g（切小塊）
    純蜂蜜 —— 40g
    奶油（無鹽）—— 20g
    菜籽油※ —— 1大匙

玫瑰糖漿（P.69）—— 1大匙
乾燥玫瑰（花草茶用）—— 適量

※也可以使用植物油。

前置作業
・烤箱預熱至150℃。

作法

1 在烤盤鋪上烘焙紙後，將A料平舖，放入已預熱至150℃的烤箱，烘烤15分鐘。取出後，馬上接著將烤箱預熱到160℃。

2 將B料和步驟1放入調理盆中拌勻。

3 將C料放入小鍋子中，以小火加熱，充分攪拌。

4 在步驟3中加入步驟2拌勻後，加入玫瑰糖漿。

5 烤盤鋪上烘焙紙後，將步驟4平舖填滿（a），再覆蓋一層烘焙紙，以保存容器等重物從上面壓緊。

6 將步驟5放入已預熱的烤箱中，烘烤20分鐘。烤好後撒上乾燥玫瑰，鋪上一層烘焙紙再次輕壓，靜置2小時以上。待冷卻後移出烤盤，以刀子切成合適的大小即可。

乾燥玫瑰
玫瑰含有維他命C和多酚，不僅有美肌效果，也有整腸的功能。

四葉幸運草
椰香杏仁餅乾

「招福」餅乾，裝飾了象徵幸福的四葉幸運草，當禮物再適合不過。

材料（方便製作的分量）

＊此處使用的是4.5cm、6cm、7cm的圓形餅乾模

幸運草押花（P.69）—— 適量

A 奶油（無鹽）—— 100g
　糖粉 —— 40g
　椰糖※ —— 30g
　鹽 —— 1小撮
　杏仁粉 —— 90g
　低筋麵粉 —— 110g
　椰子粉（乾燥椰子）—— 2大匙
　椰奶粉 —— 2大匙
　泡打粉 —— 1/3小匙
牛奶 —— 1大匙

●**糖霜**

B 糖粉 —— 2大匙
　水 —— 2小匙
　檸檬汁 —— 數滴

※也可以使用細砂糖。

作法

1 將A料加入食物調理機中攪拌，加入牛奶後，繼續攪拌。

2 將步驟1取出，整成一團後平放，蓋上保鮮膜，放入冰箱冷藏室靜置1小時以上。

3 烤箱預熱至160℃。以擀麵棍將步驟2的麵糰，擀成5mm的厚度後，以餅乾模壓出形狀。

4 放入已預熱好的烤箱中烘烤約13至15分鐘後，放至網架冷卻。

5 將B料拌勻，以毛刷塗抹在步驟4的表面，並放上押花，待其變乾即完成。

◎ 若想不使用糖霜，將幸運草放在餅乾上：先放入已預熱至160℃的烤箱，烘烤13分鐘，取出在單面上塗抹蛋白（分量外）後，擺上幸運草押花，再繼續烘烤4分鐘即可。

也能使用其他食用花的押花製作。

玫瑰蘋果醬櫻桃
德式奶酥蛋糕

德國傳統的家庭甜點，搭配上有著濃郁花香的伊夫伯爵玫瑰，

剛出爐時好吃，放涼之後也一樣可口。

隨著季節變換不同水果，更是一大享受！

材料（18×18cm的正方形模具1個）

＊也可使用圓形塔模或長方形模具。

伊夫伯爵玫瑰（Yves Piaget Rose）—— 適量

A │ 奶油（無鹽）—— 100g
　│ 細砂糖 —— 75g

全蛋液 —— 60g

磨碎的檸檬皮 —— 1/4顆分

B │ 低筋麵粉 —— 140g
　│ 泡打粉 —— 1/2小匙
　│ 鹽 —— 1/4小匙

香草精 —— 適量

牛奶 —— 2大匙

玫瑰蘋果醬（P.85）—— 3大匙

美國櫻桃（罐頭）—— 14至15粒

櫻桃白蘭地 —— 適量

◉ 奶酥

奶油（無鹽）—— 60g

C │ 細砂糖 —— 40g
　│ 低筋麵粉 —— 70g

前置作業

・將A料中的奶油放在室溫下軟化。

・奶酥用的奶油放入冰箱冷藏。

・B料中的低筋麵粉過篩後，將B料拌勻。

・美國櫻桃淋上櫻桃白蘭地。

・在模具上抹上薄薄一層奶油（分量外），再撒上高筋麵粉（分量外）。

作法

1　製作奶酥：將事先冰過的奶油切成1cm的丁狀，在調理盆中放入C料，以刮板切拌混合。材料變得鬆散後，以手緊握再撥開弄散。重複此步驟約2至3次，讓材料呈現如同大塊的肉燥狀。

2　另取一調理盆放入A料，以電動攪拌器充分攪拌至乳霜狀。

3　一邊將全蛋液少量多次加入步驟2中一邊攪拌，使其乳化。加入檸檬皮，稍微輕拌。

4　在步驟3中加入一半的B料，以橡皮刮刀攪拌，接著加入牛奶、香草精、剩餘的B料，再繼續攪拌均勻。

5　將步驟4倒入模具中，以奶油刀等工具刮平。放入冷凍庫20至30分鐘後，將玫瑰蘋果醬塗抹在表面。

6　烤箱預熱至180℃。在步驟5上面均勻地擺放玫瑰花瓣（a）、美國櫻桃，並將步驟1撒在整體表面上（b）。

7　將步驟6放入已預熱的烤箱中，烘烤40分鐘。奶酥蛋糕容易碎開，因此要等完全冷卻後，再移出烤模，切成適當大小即完成。

食用花鹽起司餅乾

放了滿滿起司的鹽餅乾，當作點心或下酒菜都很適合。
撒上加入了乾燥花、香草的繽紛食用花鹽烘烤。

材料（長25.5×寬18.5cm的平盤1個）

乾燥萬壽菊（P.68）—— 適量
食用花鹽（混合適量萬壽菊的鹽，P.69）—— 5g
A   高筋麵粉 —— 50g
    低筋麵粉 —— 150g
    杏仁粉 —— 70g
    黍砂糖 —— 2大匙
    黑胡椒 —— 1小匙
奶油（無鹽）—— 100g
帕馬森乾酪 —— 30g（刨絲）
牛奶 —— 2大匙
杏仁（烘烤過）—— 50g（大致切碎）
蛋白 —— 1顆分

前置作業

· 奶油放入冰箱冷藏。

作法

1 將奶油切成1cm的丁狀，和A料一起放入食物調理機中，攪拌到整體變得鬆散為止。

2 在步驟1中加入帕馬森乾酪和牛奶後，繼續攪拌，直到充分拌勻為止。

3 將步驟2放入調理盆中，加入杏仁後，以手揉成糰。

4 在烤盤上鋪保鮮膜，將步驟3緊實舖平後，蓋上一層保鮮膜。放上保存容器等重物，壓出空氣，使表面平整（a，由於麵糰幾乎沒有水分，易散開，因此確實排出空氣很重要）。放入冷凍庫，靜置1小時（此狀態可以冷凍保存一週）。

5 烤箱預熱至170℃。將步驟4移出烤盤，切成邊長4.5cm的正方形（b），放入已預熱好的烤箱中烘烤15分鐘。

6 取出以毛刷在表面塗抹蛋白，並撒上食用花鹽，繼續烘烤10分鐘即完成。撒鹽的時候請注意分量，以免太鹹。

a   b

大黃莓果食用花糖
免模具塔派

沒有模具也能輕鬆製作的塔派。剛烤好的香脆派皮，
搭配加熱後口感如同糖漬水果的莓果，極其美味。
撒上自製的食用花糖，不論是味道或外觀，都變得更加甜美可口了。

材料（直徑約12cm的塔派2個分）

食用花糖（混合玫瑰、石竹、香菫菜、繁星花等食用花的糖，P.69）—— 適量

◉派皮

A 低筋麵粉 —— 110g
粗全麥粉 —— 50g
杏仁粉 —— 30g
椰糖※ —— 3大匙
鹽 —— 1小撮
奶油（無鹽）—— 100g

冷水 —— 20ml
全麥消化餅 —— 30g（敲碎成小顆粒）

◉餡料

B 冷凍大黃 —— 60g（切成1cm長）
冷凍黑莓 —— 25g
冷凍藍莓 —— 25g
冷凍覆盆子 —— 50g
細砂糖 —— 60g
玉米粉 —— 2小匙
玫瑰香精 —— 2至3滴
椰糖※ —— 5大匙

※也可以使用細砂糖。

作法

1 製作派皮：將A料放入食物調理機中，攪拌至鬆散狀。加入冷水，繼續攪拌。麵糰成形後取出，分成兩等分，各自揉成一團後平放，覆蓋上保鮮膜，放入冰箱冷藏室靜置1小時以上。

2 製作餡料：將B料放入調理盆中拌勻。烤箱預熱至200℃。

3 以擀麵棍將步驟2分別擀成厚度約5mm的圓形。

4 在派皮的中央放上敲碎的消化餅（一半分量），並在消化餅上放上一半的餡料（a）。將派皮的邊緣抓出皺褶並捏合（b）。另一個派皮作法相同。

5 放入已預熱的烤箱，烘烤20分鐘後，將溫度調到180℃，繼續烤20分鐘。烤好後撒上食用花糖就完成了。

大黃
酸味強的蔬菜，產季為5月至9月。近年可在一般超市看見，如果住所附近買不到，可利用網路購買。

玫瑰覆盆子粉紅棉花糖

鬆鬆軟軟的棉花糖，滿溢出玫瑰與覆盆子的味道和香氣。
配上甜美粉紅色，讓人也跟著心動了。拿來送禮再適合不過。

材料（長20×寬25cm的烤盤1個分）

鳳仙花（粉紅）—— 適量
A　蛋白 —— 4顆分（120g）
　　細砂糖 —— 40g
B　吉利丁粉 —— 40g
　　水 —— 200ml
細砂糖 —— 320g
C　玫瑰香精 —— 2至3滴
　　玫瑰糖漿（P.69）—— 1大匙
D　覆盆子泥 —— 2大匙
　　覆盆子果醬 —— 2大匙
玉米粉 —— 適量

前置作業
・將B料中的吉利丁粉與水混合膨脹。

利用小烤箱、瓦斯噴槍、燒熱
的鐵湯匙等工具烤出焦色，配
上冰淇淋享用十分美味。

作法

1 將A料放入大調理盆中，以電動攪拌器低速攪拌5分鐘左右。接著以高速打發到蛋白霜呈尖挺角狀的程度。

2 在鍋中放入B料及細砂糖，以中火加熱溶化。

3 將步驟2趁熱少量多次加入步驟1中，以打蛋器攪拌。再加入C料（全量）、混和過後的D料（半量），繼續攪拌。

4 在烤盤上鋪烘焙紙，倒入步驟3後刮平。將剩餘的D料不規則地淋在表面（a），以金屬籤等工具輕輕攪拌，畫出大理石狀花紋（b）。

5 在步驟4上覆蓋保鮮膜，放入冷藏室中冷藏2小時以上。

6 將步驟5從烤盤中取出，擺放在撒有足量玉米粉的工作台上。將步驟5整體撒上玉米粉，再以撒過玉米粉的刀子，切成5cm的塊狀。撒上鳳仙花，再依個人的喜好撒上玉米粉即完成。

a

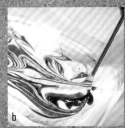
b

GIFT WRAPPING IDEAS

實用的禮物包裝好點子

在此介紹幾種禮物包裝的方式，
可以活用在送禮、參加自帶菜餚的派對，
或是居家派對後讓賓客帶走的小點心。
作法簡單，無須特殊技巧，動手試試看吧！

BOX

以箱子包裝

圓形箱子

在圓形紙箱內鋪烘焙紙，放入巧克力或烘焙點心。以繩子繞3圈左右後，在箱子底部打單結。繩子纏繞時，刻意不過於緊繃，以營造出成熟時尚的感覺。

＊箱子可在手創館或大型文具用品店買到。

方形箱子

可利用有鬆緊帶的名片或卡片整理盒，在盒子上掛上小卡，放入餅乾或棉花糖等。小卡可以印上幸運草或花朵，代表裡頭裝的是以食用花作的點心。

＊箱子可在手創館或大型文具用品店購買到。

透明箱子

選用從側邊就能取出內容物的透明箱子。不必打開，就能欣賞到蛋糕上的漂亮裝飾。為了能確實支撐住蛋糕，可鋪上剪裁成箱底大小的硬紙板。如果不想要過分裝飾，可以繩子代替緞帶，輕輕纏繞數圈後，在箱緣打單結，以固定封口。

＊箱子可在手創館或大型文具用品店購買到。

以瓶子包裝

以透明袋包裝

只要在空瓶子中裝入餅乾、太妃糖、棉花糖、糖果，就完成了。因為看得到內容物，即使沒有精美裝飾，也能顯得很可愛。還有一個好處是，因為包裝簡便，收到禮物的人也能收得輕鬆自在。若放入乾燥劑，就能直接保存。

將糖果裝進烘焙材料行就買得到的OPP袋中，封口以繩子綁成蝴蝶結固定，馬上就變身成像是在糖果店販售的可愛包裝。

以自製紙袋包裝

挑選喜歡的厚紙，依照點心的大小和數量，剪裁出適當尺寸，作出自製的袋子。

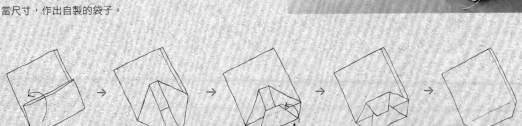

1.將紙張對折，右側邊緣以膠水黏牢。取適當寬幅向上折，決定出袋子底部的大小。

2.如圖所示，將左右兩端向內折出三角形。

3.將靠近自己的一端向內折，並超過中心線約1公分。

4.另一端也向內折，同樣超過中心線1公分，紙張重疊處以膠水黏牢。

5.將底部形狀撫平整後即完成。

PART 2
TEA TIME
& DESSERT

廚房甜品。
花瓣會萎縮，
冰鎮的甜品之外，
上桌前再以花朵裝飾，會更加好看。

花冰塊氣泡水

使冰塊透明的祕訣：
包覆緩衝材，慢慢冷凍。

作法
製冰盒中注入礦泉水至約二分之一，放入食
用花、檸檬皮或萊姆皮、薄荷，稍微冷凍後
再加水，繼續冷凍。製冰盒的周圍以氣泡布
包起來，並以橡皮筋固定，放入冷凍庫一整
個晚上，使其慢慢冷凍結冰。將花冰塊放入
玻璃杯中，倒進氣泡水即可。

彩色紅茶瑪芬

裝飾大量漂亮食用花的華麗英式瑪芬。
若不知道該選什麼花，可利用店家搭配好的組合包。
佐以植物性鮮奶油，讓整體味道溫和不黏膩。

材料（直徑7cm的瑪芬模8個分）

萬壽菊、琉璃苣、香菫菜、石竹、芬芳寶石玫
瑰（Scented Jewel）花瓣等 —— 合計約3大匙
奶油（無鹽）—— 90g
黍砂糖 —— 120g
全蛋液 —— 2顆分
A　低筋麵粉 —— 250g
　　泡打粉 —— 2小匙
　　米油※ —— 1大匙
　　原味優格（無糖）—— 50g
牛奶 —— 100ml
紅茶葉（伯爵）—— 2小匙
鮮奶油（植物性）—— 200ml
楓糖漿 —— 1大匙
糖粉 —— 2大匙

※沒有雜味的沙拉油也可以。

前置作業
・奶油放在室溫下軟化。
・將低筋麵粉過篩。
・在模具內塗上一層薄薄的奶油（分量外），
　放入冰箱冷藏。
・烤箱預熱至180℃。
・紅茶葉以食物調理機或果汁機、研磨缽等磨
　細。

作法

1 在小鍋中放入牛奶和紅茶葉，加熱至沸騰
　後蓋上鍋蓋燜蒸，放涼。

2 在調理盆中放入奶油，以打蛋器攪拌至乳
　霜狀。加入黍砂糖，並少量多次加入全蛋
　液。加入 A 料，以打蛋器均勻拌勻，加入
　步驟 1 後，繼續攪拌。

3 以湯匙將步驟 2 平均裝入馬芬模中，放入
　已預熱的烤箱中，烘烤30分鐘，出爐後放
　至網架冷卻。

4 在鮮奶油中加入糖粉及楓糖漿，以電動攪
　拌器打至8分發（尖角
　挺立，不會下垂的程
　度）。

5 以湯匙取足量的步驟
　4 放在瑪芬上，並以
　筷子或鑷子夾取花瓣
　裝飾在其上（a）即完成。

紅茶選用加入了藍色花瓣的茶
葉。推薦Tea Please!的Earl
Grey Blue或唐寧（TWININGS）
的仕女伯爵茶。

洋甘菊金盞花奶酪

豐醇的洋甘菊香氣，搭配飄著花瓣的美麗淋醬，
一口吃盡兩種享受的柔滑奶酪。
卡士達醬若過度加熱會結塊，因此要特別留意火侯。

材料（直徑8.5×高4.5cm的布丁模2個分）

金盞花 —— 適量
香草莢a —— 1/2根
A ┃ 牛奶 —— 150ml
┃ 鮮奶油（乳脂含量35%）—— 180ml
┃ 純蜂蜜 —— 2大匙
┃ 乾燥洋甘菊（花草茶用）—— 1又1/2大匙
┃ 煉乳 —— 2大匙
吉利丁片 —— 5至6g
卡士達醬
B ┃ 蛋黃 —— 3顆
┃ 純蜂蜜 —— 3大匙
玉米粉 —— 3g
牛奶 —— 200ml
香草莢b —— 1/2根

前置作業

・將吉利丁片放入冷水泡軟。

作法

1 鍋中放入A料、已劃一刀的香草莢a，以小火加熱（a）。在快要沸騰前，放入泡軟的吉利丁片後馬上關火。以橡皮刮刀慢慢攪拌，蓋上鍋蓋燜3分鐘。

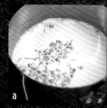
a

2 將步驟1過濾後移至調理盆中，盆底浸入冰水，一邊以橡皮刮刀攪拌，一邊降溫。倒入布丁模中，放進冷藏室中冷藏2小時以上。

3 製作卡士達醬：將B料放入調理盆中，以打蛋器打至顏色發白。將玉米粉過篩加進調理盆中後，繼續攪拌。

4 鍋中放入牛奶、已劃一刀的香草莢b，以小火加熱，飄出香草香之後關火。將一半的量倒入步驟3的調理盆中，以打蛋器攪拌。將調理盆中所有的內容物倒回鍋裡，再以打蛋器充分攪拌均勻。

5 將步驟4以小火加熱，以橡皮刮刀慢慢攪拌至濃稠狀，過濾後放涼。加入約1大匙的金盞花後拌勻。

6 將步驟2的奶酪從布丁模中取出裝盤，淋上步驟5，撒上剩餘的花瓣即完成。

洋甘菊
此次選用的是用於花草茶的德國洋甘菊。具有紓壓、安眠、保濕，以及溫熱身體的效果。

一口QQ花果凍

一口大小的花果凍，將食用花的可愛盡收其中。

洋菜如果過燙，會將所加的花煮熟，建議先移至其他容器中降溫。

洋菜凝固得很快，因此要盡速倒入模具中。

材料（直徑5cm的果凍模8個分）

萬壽菊、石竹、繁星花、香菫菜、香雪球
等喜歡的花 —— 適量
洋菜 —— 8g
細砂糖 —— 30g
玫瑰糖漿（P.69）—— 1大匙
礦泉水 —— 250ml
哈密瓜、芒果—各適量（切成1cm丁狀）

作法

1　混合細砂糖和洋菜。

2　在鍋裡放入礦泉水、玫瑰糖漿，以中火加熱。一邊少量多次加入步驟1，一邊以打蛋器攪拌，直到沸騰為止。關火後，先裝進耐熱量杯等容器中降溫。

3　將步驟2倒入果凍模中，加進食用花、已切好的水果，放入冷藏室中冷藏凝固即可。

此處使用的是矽膠圓形果凍模，除了可以用來製作果凍之外，還能作小蛋糕等點心，相當便利。

白桃甜湯
佐清新薄荷冰淇淋

盡享薄荷和水蜜桃的絕配風味。
為了增加甜度且讓湯呈現粉紅色，而加入了油桃，
但如果白桃本身夠甜，只使用白桃就能作出好吃的甜湯。

材料（兩人分）

薄荷花（白、紫）—— 各適量
薄荷葉（新鮮）—— 10片

◉白桃甜湯

A　白桃 —— 1顆（去皮，切成6等分）
　　油桃 —— 1/2顆（去皮，切成4等分）
　　原味優格（無糖）—— 120ml
　　牛奶 —— 80ml
　　檸檬汁 —— 1/2大匙
　　水蜜桃利口酒 —— 1大匙

◉薄荷冰淇淋

B　牛奶 —— 150ml
　　細砂糖 —— 35g
　　純蜂蜜 —— 1大匙
　　鮮奶油（乳脂含量35%）—— 150ml

C　薄荷葉 —— 6g
　　薄荷甜酒（或薄荷精）—— 1大匙

作法

1　製作薄荷冰淇淋：在鍋內加入B料，以中火加熱，待細砂糖溶化後，和C料一起放進果汁機裡，打至糊狀。倒入調理盆裡，馬上浸入冰水中降溫，接著裝進保鮮袋或烤盤中，放入冷凍庫靜置半天。以食物調理機攪拌後，再次放入冷凍庫中冷凍，即可製成冰淇淋（如果沒有食物調理機，可以叉子壓散後冷凍，並重複此步驟2至3次）。

2　製作白桃甜湯：將A料放入果汁機中攪拌成糊狀。

3　將白桃甜湯盛裝到容器中後，將薄荷冰淇林放在中央，並撒上薄荷的花和葉片裝飾即完成。

蘋果玫瑰椰奶慕斯

玫瑰香遇上椰香和白葡萄酒，
成了難以言喻的浪漫奢華好滋味。
使用冷凍過的蘋果玫瑰（アップルロゼ）製作會更加美味。

材料（4至5人分）

蘋果玫瑰（冷凍）── 15至20片
玫瑰醬（P.85）── 2大匙
◉**椰奶慕斯**
吉利丁片 ── 4g
A　椰奶 ── 160g
　　細砂糖 ── 50g
鮮奶油（乳脂含量35%）── 85ml
◉**果凍**
B　白葡萄酒 ── 200ml
　　水 ── 200ml
C　細砂糖 ── 4大匙
　　洋菜 ── 8g
玫瑰糖漿（P.69）── 1大匙

前置作業

・將吉利丁片放入冷水泡軟。

作法

1　製作椰奶慕斯：在鍋內放入 A 料，以中火加熱。待細砂糖溶化後，放入已經泡軟的吉利丁片攪拌。在快要沸騰前關火，以打蛋器充分攪拌，倒入調理盆中，盆底浸入冰水降溫。

2　將鮮奶油打至7分發（尖角稍微挺立的程度）。當步驟1的溫度降至接近人體體溫左右，而且呈現稍微黏稠的狀態時，就可加入已經打發的鮮奶油，並以橡皮刮刀充分攪拌均勻。

3　將步驟2倒進玻璃杯後，放入冷藏室中30分鐘凝固，淋上玫瑰醬後抹平。

4　製作果凍：在小鍋中加入 B 料，以中小火加熱，將事先拌好的 C 料少量多次加入，一邊以打蛋器攪拌。沸騰後仍繼續攪拌，待顏色變透明後關火，加入玫瑰糖漿後稍微拌勻。

5　將步驟4倒入調理盆中，盆底浸入冷水攪拌。呈黏稠狀後，倒入步驟3的玻璃杯中（洋菜很快就會凝固，因此動作要迅速）。

6　以筷子夾取幾片蘋果玫瑰的冷凍花瓣放入步驟5中（a），靜置於冷藏室1小時。上桌前再將剩餘的花瓣裝飾在已凝固的果凍上就完成了。

a

檸檬奶油
夏威夷早午餐鬆餅

淋上滿滿酸甜檸檬奶油醬的夏威夷風鬆餅。
難得收到了秋葵花，便也添加在鬆餅上。
一口咬下有著黏黏的感覺，完全就是秋葵的口感。

材料（直徑15cm的成品4片分）

秋葵（花）、金蓮花（花、莖）—— 各適量
◉**鬆餅**
蛋 —— 2顆
黍砂糖 —— 4大匙
A ┆ 牛奶 —— 80ml
　┆ 原味優格（無糖）—— 4大匙
　┆ 低筋麵粉 —— 40g
　┆ 高筋麵粉 —— 100g
　┆ 泡打粉 —— 6g
融化的奶油（無鹽）—— 2大匙
◉**檸檬奶油醬**
B ┆ 蛋 —— 1顆
　┆ 蛋黃 —— 1顆
　┆ 黍砂糖 —— 40g
奶油（無鹽）—— 30g（切成1cm丁狀）
C ┆ 檸檬汁 —— 20ml
　┆ 檸檬皮 —— 1/2顆分
D ┆ 鮮奶油（乳脂含量35%）—— 40ml
　┆ 香草精 —— 適量

前置作業
· A料中的高筋麵粉和低筋麵粉混合後過篩。
· 將鬆餅用的奶油裝入耐熱容器中（不須上保
　鮮膜），微波加熱1分鐘融化。

作法

1 製作鬆餅：在調理盆裡加入蛋、黍砂糖，
　以打蛋器攪拌，再加入A料後，稍微拌
　勻。接著再加入融化的奶油，繼續攪拌均
　勻。

2 以冰淇淋杓（容量30ml）舀出步驟1，倒
　入已熱好的平底不沾鍋中，作成直徑約
　15cm的圓形。以小火加熱，當表面冒出氣
　泡後翻面，續煎至顏色呈現金黃色。

3 製作檸檬奶油醬：在平底鍋裡放入水，並
　加熱至80℃。

4 將 B 料 放 入 調 理 盆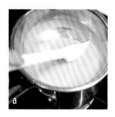
　中，以打蛋器充分攪
　拌混合，加入奶油。
　將調理盆放進步驟3
　的 熱 水 中， 隔 水 加
　熱。以橡皮刮刀緩慢
　攪拌（ a ），待奶油融化後，加入C料繼
　續攪拌，再加入D料。持續以橡皮刮刀慢
　慢攪拌，材料呈糊狀後，以濾網過濾。

5 將鬆餅盛入盤中，淋上大量步驟4的檸檬
　奶油醬，並擺上秋葵花與金蓮花裝飾，就
　完成了。

玫瑰覆盆子果醬水晶糖花
熔岩巧克力蛋糕

巧克力與玫瑰的濃郁香氣，醞釀出成熟誘人的風味。

很適合搭配紅酒一起享用的大人甜點。

建議利用鑄鐵鍋製作，較能維持住熱度。

材料（直徑16cm的鑄鐵鍋1個分）

水晶糖花 —— 適量

A｜半甜巧克力（可可含量60%）—— 70g

巧克力（可可含量55%）—— 20g

奶油（無鹽）—— 50g

B｜全蛋液 —— 100g

玫瑰糖漿（P.68）—— 1大匙

可可粉 —— 20g

覆盆子（冷凍）—— 50g

玫瑰覆盆子果醬（P.85）—— 1大匙

前置作業

· 將冷凍覆盆子放入鑄鐵鍋中。

· 烤箱預熱至180℃。

作法

1 在調理盆中加入A料，隔水加熱融化。融化後，從爐火上移開。

2 在另一個調理盆中加入B料，一邊隔水加熱，一邊以電動攪拌器打發至顏色變白。

3 將可可粉加入步驟1中，並以打蛋器充分攪拌融化。

4 將步驟3加進步驟2中拌勻，倒入鑄鐵鍋中，加入玫瑰覆盆子果醬後攪拌。放入已預熱的烤箱中烘烤10至12分鐘。出爐後撒上水晶糖花，於蛋糕內裡仍是糊狀時趁熱食用。

水晶糖花

將花瓣沾上蛋白並撒上砂糖後乾燥而成。只要在烘焙點心或是果凍上裝飾幾片，整體都會變得華麗。預先準備保存起來，需要時就很方便。可在「maro」（P.91）購買得到。

櫻花抹茶銅鑼燒
奶油白豆沙＆奶油烏豆沙口味

鹽漬櫻花、帶著深沉苦味的抹茶、甜味適中的豆沙餡，
三種不同風情搭配櫻花的嬌美，調和出好滋味。
尺寸迷你，因此也相當適合攜帶送禮。

材料（直徑5.5cm的圓形銅鑼燒10個分）

鹽漬櫻花 —— 10朵（裝飾用）
◉**銅鑼燒**（30片）
蛋 —— 1顆
楓糖漿 —— 2大匙
A｜低筋麵粉 —— 100g
　｜泡打粉 —— 1/2小匙
　｜小蘇打 —— 1/2小匙
牛奶 —— 100ml
椰子油 —— 1大匙
抹茶粉 —— 適量
◉**奶油白豆沙**（5個分）
白豆沙餡 —— 300g
鮮奶油（乳脂含量42%）—— 2又1/2大匙
鹽漬櫻花 —— 10朵（以水輕洗去鹽：捏乾後切碎）
◉**奶油烏豆沙**（5個分）
烏豆沙餡 —— 300g
鮮奶油（乳脂含量42%）—— 2又1/2大匙
鹽漬櫻花 —— 10朵（以水輕洗去鹽，捏乾後切碎）

前置作業

· 將A料的低筋麵粉過篩。

作法

1 在調理盆中放入蛋、楓糖漿，以打蛋器充分攪拌。加入A料、牛奶拌勻，再加入椰子油，繼續攪拌。將1大匙的抹茶粉，溶入等量的水（分量外）後，加入攪拌。

2 使用平底不沾鍋，開小火，舀起約大量匙8分滿的麵糊，倒入鍋中作成直徑5cm的圓形（a）餅皮。使用大量匙會比起使用鍋杓，更能作出漂亮的圓形。

3 在兩種豆沙餡中分別加入已經切碎的鹽漬櫻花，充分攪拌，加入鮮奶油後再繼續攪拌。

4 在銅鑼燒的餅皮間夾入步驟3的餡料，各自再疊上一層餡料和餅皮，從上方撒足量的抹茶粉。

5 將裝飾用的鹽漬櫻花泡水，花瓣打開後，將鹽充分去除。放入耐熱容器中，不蓋上保鮮膜，微波加熱約1分鐘。如此一來花瓣就會恢復成原本鬆柔的模樣。將櫻花裝飾在步驟4上，可依個人喜好再撒上抹茶粉，就完成了。

a　　　　　　b

芬芳寶石玫瑰蘋果烤布樂
佐馬斯卡彭起司

一款家家作法不同的美國家庭甜點，剛出爐時最為美味。
此處利用洛神花茶增加酸味，以玫瑰糖漿增添香氣和甜味，
作出洗練的烤布樂。也可換成其他水果製作。

材料（長徑25×18cm的橢圓形耐熱容器1個分）

芳香寶石玫瑰——1大匙
蘋果（紅玉）——1顆
西洋梨——1/2顆
蔓越莓（冷凍）——100g
檸檬汁——1大匙
A ┃ 黍砂糖——3大匙
　┃ 玫瑰糖漿（P.69）——1大匙
洛神花茶——60ml（常溫）
馬斯卡彭起司（或原味優格）——適量
◉奶酥
B ┃ 低筋麵粉——65g
　┃ 奶油（無鹽）——45g（切成1cm丁狀）
　┃ 黍砂糖——35g
水果穀片——4大匙

前置作業
・奶油放進冷藏室冷藏。
・烤箱預熱至180℃。

作法

1　製作奶酥：在調理盆中放入B料，以刮刀切拌混合（a）。加入水果穀片拌勻後，以手將材料握成團狀，再稍微弄散。重複此動作數次（b），變成肉臊狀後，連同調理盆一起放入冷凍庫中。

2　蘋果不須削皮，切成12等分的半月形，去芯。西洋梨削皮去芯後，切成一口大小，淋上檸檬汁，稍微拌勻。加入A料及蔓越莓攪拌後，放進耐熱容器中，從上方注入洛神花茶。

3　在步驟2上鋪上步驟1的奶酥，放入已預熱的烤箱內烘烤30分鐘。出爐後撒上花瓣，趁熱搭配馬斯卡彭起司一起享用。

香橙萬壽菊金盞花
一口酥派

以市售派皮和水果罐頭就能簡單完成的一口酥派。
深橘色的花瓣與褐色的焦糖，勾繪出漂亮的對比與美味的色澤。

材料（直徑8cm的圓形派4個分）

乾燥萬壽菊、乾燥金盞花（P.68）── 各適量
派皮（市售）── 1片
香橙片（罐頭）── 4片

◉杏仁奶油

A｜奶油（無鹽）── 15g
　｜杏仁粉 ── 15g
　｜黍砂糖 ── 15g

◉焦糖醬

細砂糖 ── 4大匙
水 ── 4大匙

前置作業

・奶油放在室溫下軟化。
・將香橙片放在廚房紙巾上，稍微吸去水分。
・烤箱預熱至200℃。

作法

1　派皮解凍後，以直徑8cm的圓形模具或杯子壓成圓形（a），以叉子戳出數個透氣孔。

2　在調理盆中放入A料，以打蛋器充分攪拌。

3　在步驟1的圓形派皮中央，擺上1小匙的步驟2（b），並放上已經吸去多餘水分的香橙片。

4　放入已預熱的烤箱中烘烤20分鐘，調整溫度至170℃後，再繼續烘烤15分鐘，烤到派皮上色為止。

5　將細砂糖及水2大匙放入鍋中，以中火加熱。細砂糖開始融化後，以橡皮刮刀慢慢攪拌，加熱至呈現焦糖色後關火，並加入剩餘的水繼續攪拌。將步驟4盛放在盤子上，淋上焦糖醬，並撒上花瓣就完成了。

◎　壓出圓形後所剩下的派皮，可捏成棒狀，塗上砂糖和起司粉，擺放在烤盤的邊緣一起烘烤。

糖漬無花果&葡萄

以白葡萄酒煮血橙水果茶，
能增加香氣的深度，讓醬汁的顏色變得更漂亮。
搭配冰淇淋一起食用，也相當美味。

材料（2至3人分）

琉璃苣、芬芳寶石玫瑰 —— 各適量
無花果（小）—— 4個
葡萄 —— 6粒
A｜白葡萄酒 —— 150ml
　｜細砂糖 —— 50g
　｜純蜂蜜 —— 1大匙
　｜香草莢 —— 1/2根
B｜血橙水果茶 —— 1大匙
　｜水 —— 150ml
馬斯卡彭起司 —— 50g
原味優格（無糖）—— 50ml
巴薩米克醋 —— 適量

作法

1　將B料放入鍋中煮沸。煮出水果茶色澤
　後，加入A料，待再次沸騰後加入無花
　果，蓋上鍋蓋，以小火煮5分鐘。

2　將步驟1倒入其他容器，加入去皮的葡
　萄。靜置於冷藏室半天或一個晚上，使其
　入味。

3　將馬斯卡彭起司與原味優格一起拌勻。

4　把步驟2的無花果及葡萄盛放在容器中，
　淋上步驟2的醬汁，加上步驟3，滴入巴薩
　米克醋，並以花朵裝飾。

血橙水果茶
選用了Tea Please!的血橙水
果茶（Blood Orange），以
洛神花、玫瑰果、蘋果、橙
皮、向日葵等調配而成。如
果無法取得，可以洛神花茶
代替，只是風味和味道會有
所差異。

可爾必思花冰棒×6

以可爾必思為基底，加入多種花朵和水果，
作成討喜又色彩繽紛的冰棒，是夏天的冷凍庫中絕不可缺少的小甜點。

材料（6支）

●**玫瑰覆盆子口味**
玫瑰 —— 適量
冷凍覆盆子 —— 3粒
濃度較高的可爾必思 —— 80ml

●**菊花巴西莓口味**
菊花 —— 適量
巴西莓果汁（市售品）—— 20ml
濃度較高的可爾必思 —— 80ml
糖漿（市售品）—— 1大匙

●**大理花萊姆薄荷口味**
大理花 —— 適量
萊姆切片 —— 1片
薄荷葉 —— 2至3片
濃度較高的可爾必思 —— 90ml
糖漿（市售品）—— 1大匙

●**芒果可爾必思口味**
萬壽菊 —— 適量
冷凍芒果泥 —— 20ml
濃度較高的可爾必思 —— 60ml
糖漿（市售品）—— 1大匙

●**金蓮花玫瑰口味**
金蓮花、玫瑰 —— 各適量
濃度較高的可爾必思 —— 80ml
糖漿（市售品）—— 1大匙

●**葡萄柚繁星花口味**
繁星花、菊花 —— 各適量
葡萄柚（紅肉）—— 1塊（剝開）
濃度較高的可爾必思 —— 80ml
糖漿（市售品）—— 1大匙

作法

1 將所有材料放進冰棒模中，充分攪拌後，放入冷凍庫靜置半天冷凍（a）即可。如果花朵會浮起，可先將材料倒至模具的一半，冷凍後再加入剩餘的材料，繼續冷凍。

食用花茶

利用食用花調配自創茶飲，其實非常簡單。
要不要試著作作看呢？
不僅可以在自己的休息時間享用，
也可以送給重要的人當小驚喜呢！

自製紅茶和綠茶的
食用花混茶

紅茶、綠茶葉各半，
再混入自己喜歡的食用花。
入喉格外清爽的好風味。
注入熱水時，花瓣在茶壺中
翩翩起舞的模樣，有趣且優雅。
*花瓣的乾燥法參照P.68。

材料（2人分）
綠茶 —— 2大匙
紅茶 —— 2大匙
喜歡的食用花花瓣（P.68）—— 2大匙

作法
1　將所有材料放進茶壺中，注入500cc的熱水，
　　泡3分鐘左右，倒入茶杯即可享用。

自製玫瑰水果茶

選擇喜歡的食用花，加上低溫烘烤過的乾燥水果，
調配出獨創的自製茶飲。
食用花要選用完全乾燥的花。
作為禮物送人，對方一定也會開心的。
＊花瓣的乾燥法請參照P.68。

材料（2人分）
乾燥玫瑰花瓣（P.68）—— 2大匙
乾燥玫瑰果（花草茶用）—— 2大匙
洛神花（花草茶用）—— 2大匙
蘋果薄片 —— 5片左右
柑橘薄片 —— 5片左右

作法

1　蘋果和柑橘不須削皮，切成薄片後，以80至100℃
　　烘烤1小時。

2　將步驟1、剩下的材料放進茶壺中，注入500cc的熱
　　水，泡3分鐘左右，倒入茶杯中即可享用。

乾燥蘋果
自製果乾帶有的淡淡酸味，
相當好吃。

菊花茉莉花茶
令人看到超市陳列著食用菊
花時，就會想要製作的一款
茶飲。將菊花和喜歡的食用
花乾燥後（P.68），與適量
的茉莉花茶葉一起放入茶壺
中，注入熱水。

63

果凝凍飲 × 2

使用洋菜作成的果凝，清爽易入口，
搭配食用花、糖漬水果，特調出喝的甜點。

薰衣草糖漬莓果果凝

材料（1人分）

百日菊、芬芳寶石玫瑰、玫瑰 —— 各適量
刨冰 —— 2大匙
藍莓 —— 約6粒（裝飾用）
◉**果凝**
細砂糖 —— 30g
洋菜 —— 4g
水 —— 250ml
自製薰衣草蜂蜜（P.69）※ —— 1小匙
◉**糖漬藍莓**（方便製作的分量）
黑莓果醬 —— 2大匙
藍莓 —— 約15粒
※也可以使用市售品。

作法

1　製作果凝：混和細砂糖和洋菜。
2　在鍋中裝水，開中火，一邊少量多次加入步驟1，一邊以打蛋器攪拌。沸騰後再繼續加熱2至3分鐘後關火，加入薰衣草蜂蜜，攪拌後移入其他容器中。降溫後，放入冷藏室靜置一個晚上。
3　製作糖漬藍莓：將黑莓果醬和藍莓放進耐熱容器中拌勻，不封保鮮膜，直接放入微波爐加熱1至2分鐘，直到藍莓有點煮軟為止，待其降溫後，放入冷藏室冷藏。
4　舀2至3大匙的步驟3放在玻璃杯底，加入刨冰，再放進步驟2的果凝、花瓣、藍莓即完成。

玫瑰覆盆子果凝

材料（1人分）

玫瑰 —— 適量
刨冰 —— 2大匙
覆盆子 —— 約6粒（裝飾用）
◉**果凝**
細砂糖 —— 30g
洋菜 —— 4g
水 —— 250ml
玫瑰糖漿（P.69）—— 1小匙
◉**糖漬覆盆子**（方便製作的分量）
玫瑰醬 —— 2大匙
覆盆子 —— 約10粒

作法

1　製作果凝：混合細砂糖和洋菜。
2　在鍋中裝水，開中火，一邊少量多次加入步驟1，一邊以打蛋器攪拌。沸騰後持續加熱2至3分鐘後關火，加入玫瑰糖漿，繼續攪拌後移入其他容器中。降溫後，放入冷藏室靜置一個晚上。
3　製作糖漬覆盆子：將玫瑰醬和覆盆子放進耐熱容器中拌勻，不封保鮮膜，直接放入微波爐加熱1至2分鐘，直到覆盆子有點煮軟為止，待其降溫後，放入冷藏室冷藏。
4　舀2至3大匙的步驟3放在玻璃杯底，加入刨冰，再放進步驟2的果凝、花瓣、覆盆子即可。

葡萄柚花
瑪格麗特雞尾酒

在玻璃杯緣塗抹上檸檬後，
將杯口朝下放在鹽上，
就能漂亮地沾上鹽巴。
以草莓代替葡萄柚也好吃。

材料（2人分）

萬壽菊、大理花 —— 各適量
檸檬 —— 1/2顆
食用花鹽（P.69）—— 適量
A 葡萄柚果肉（白肉、紅肉）—— 各1/2顆
　冰塊 —— 1杯
　龍舌蘭 —— 3大匙
　君度橙酒 —— 1大匙
葡萄柚 —— 2塊（放在杯底）

作法

1　以檸檬的切面摩擦玻璃杯口，將食用花鹽
　平舖在盤子上，將杯口朝下沾取鹽巴。

2　將A料全部放入果汁機中，攪拌至仍能看到
　碎冰的程度。

3　先將要放到杯底的葡萄柚果肉切碎，放入
　杯中，注入步驟2，並裝飾上花瓣即完成。

食用花甜點的 Q&A

Q.1　在什麼時候裝飾上食用花才是最好的呢？

A. 若是新鮮的食用花，最好在享用甜點之前裝飾，或享用前一小時裝飾後放入冷藏室冷藏。如果是要放在糖漿或奶油上方，上桌前再裝飾即可。

Q.2　食用花如何保存？

A. 選用密閉性佳的保存容器，鋪上紙巾，以噴霧器噴水，讓紙巾稍微濕潤後，輕輕將花朵放在紙巾上，蓋上盒蓋，放入冰箱的蔬果室冷藏室保存。放入時不要以手碰觸花瓣，可利用筷子或鑷子夾取。如果狀態良好，可保存5天。

部分食用花可冷凍保存，但因花朵接觸到空氣，色澤會改變，因此保存時要利用封口袋，並盡可能排出袋內空氣。冷凍食用花能使用在香檳等飲品、或果凍等甜點中。部分種類的花並不適合冷凍，而冷凍玫瑰能使花瓣維持漂亮的狀態，因此適合冷凍保存。

Q.3　沒用完的食用花還有其他的活用法嗎？

A. 作成乾燥花吧！在保存容器中放入乾燥劑，鋪上兩層紙巾，在紙巾上擺放食用花，此時要注意花瓣和花瓣盡可能不要重疊。放在無陽光直射，通風陰涼的場所，經過約3天至1星期後，水分蒸發，就會變成乾燥花了。如果想趁新鮮時用完，可以撒在生菜沙拉上食用。

Q.4　該如何活用乾燥花呢？

A. 可以撒在鮮奶油、冰淇淋、蛋糕上，或混在茶葉中，作成自創茶飲，也可以作成食用花糖、食用花鹽等（參照P.69）。隨時備有乾燥食用花，不僅能讓甜點的變化增多，午茶時間也會更加多彩繽紛。

Q.5　食用花糖該如何製作呢？

A. 只要在砂糖裡加進食用花即可，比例可依照個人喜好調整。加在鹽巴中，就變成食用花鹽。可以使用完整的花瓣，也能切成自己喜歡的大小，無論哪一種都很可愛。食用花糖和食用花鹽也很適合用來送禮，收到的人一定會很開心的。食用花鹽加進沙拉醬裡一起食用也相當美味。

食用花糖　　食用花鹽　　食用花糖和食用花鹽也有市售品

Q.6　押花該如何製作呢？

A. 將花夾進烘焙紙中，再夾進厚書或雜誌間，重壓約2至3天即可完成。放進裝了乾燥劑的保存容器中，擺放在無陽光直射，通風陰涼的場所裡保存。製作糖果（P.16）和餅乾（P.24）時可以利用。

Q.7　自製薰衣草蜂蜜該如何製作呢？

A. 只要在密封保存瓶裡裝進蜂蜜、乾燥薰衣草（花草茶用），靜置1天以上，就能製成。比例可依照個人喜好調整。可以與起司蛋糕、司康、冰淇淋等一同享用。

市面上也有販售食用花蜂蜜，如果有喜歡的口味也可以使用。

Q.8　玫瑰糖漿是什麼？

A. 本書中屢次登場的玫瑰糖漿，具有玫瑰的香味，在製作玫瑰風味的甜點時不可或缺。本書中使用的是MONIN出品的玫瑰糖漿，也可依個人喜好選用其他不同的品牌。

※可在烘焙材料行或網路商店等處購買。

PART 3

ANNIVERSARY

慶祝時不可少的花，這回化身成了甜點。
接下來將介紹在特別節日或紀念日，
傳達感謝與祝福的日子裡，能讓所有人都開心的花甜點。
為了不讓食用花的裝飾過於甜膩華麗，
而以素雅、俐落為設計的風格。

食用花裝飾蛋糕

選用了白花苜蓿、西洋菜等野地裡開的小花。

極其單純的配色，營造出楚楚可憐的氣息。

隨興塗抹上的鮮奶油，露出海綿蛋糕的邊緣，呈現自然樸素的風格。

材料（直徑15cm的圓形蛋糕模1個分）

白花苜蓿、西洋菜的花、琉璃苣、三色堇、繁
星花 —— 各適量

拇指西瓜 —— 適量

◉海綿蛋糕

A ｜ 全蛋液 —— 2顆分
｜ 細砂糖 —— 80g
｜ 純蜂蜜 —— 1大匙
｜ 香草精 —— 數滴

B ｜ 低筋麵粉—90g
｜ 泡打粉 —— 1小匙

牛奶 —— 4大匙

奶油 —— 25g

◉裝飾鮮奶油

C ｜ 鮮奶油（乳脂含量45%）—— 200ml
｜ 玫瑰糖漿（P.69）—— 1大匙
｜ 糖粉 —— 2大匙

玫瑰醬（P.85）—— 50g

前置作業

· 低筋麵粉過篩。

· 準備底部能分離的蛋糕模，在模具側面塗上
一層薄薄的奶油（分量外），撒上高筋麵粉
（分量外），底部鋪上烘焙紙，放入冷凍庫
冷凍。

· 將奶油放入耐熱容器中，微波加熱1分鐘融
化（不需封保鮮膜）。

作法

1 製作海綿蛋糕：先將烤箱預熱至170℃。
將A料放入調理盆中，以打蛋器充分攪拌
後，隔水加熱。溫度到達45℃左右後，換
成電動攪拌器，打發到顏色變白，質地呈
現濃稠為止。

2 將B料加入步驟1中，以橡皮刮刀略微拌
勻。加入牛奶和融化後的奶油，繼續攪
拌，當整體出現光澤後，倒入蛋糕模中。

3 放入已預熱的烤箱中烘烤30至35分鐘。出
爐放涼後，橫切成3等分，切面塗抹玫瑰
醬。

4 將C料放入調理盆中，以打蛋器打至8分發
（尖角挺立的程度）。將1/3量均勻抹在已
經塗了玫瑰醬的蛋糕上。疊上一層蛋糕，
再塗抹剩餘奶油的1/2量。完成後，再疊上
一層蛋糕，並將剩餘的奶油倒在表面，隨
興地抹平。側面也以
抹刀輕抹上一層薄薄
的奶油（a）。最後
裝飾花朵與拇指西瓜
即可。

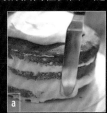

無花果紅酒玫瑰
巧克力球

巧克球要作得漂亮，祕訣就是趁巧克力淋醬未乾前撒上花瓣。

無論是作為情人節巧克力，

或帶至雞尾酒派對當伴手禮都適宜。

材料（15個分）

乾燥玫瑰（さ姬、蘋果玫瑰）—— 各適量

A 無花果 —— 100g
　　紅葡萄酒 —— 100ml

B 帶皮杏仁（烘烤）—— 50g
　　杏仁粉 —— 35g
　　可可粉 —— 15g
　　椰子粉 —— 15g
　　哈密瓜糖漿 —— 2大匙

巧克力鏡面醬 —— 100g

作法

1 在小鍋子中放入A料，以中火加熱，煮至葡萄酒收乾，冷卻後將無花果切碎。

2 將B料放入食物調理機中攪拌，取出分成15等分，整成一口大小（可使用半圓形量匙的大匙來整成圓形，較容易使大小一致）。

3 巧克力鏡面醬隔水加熱後，將步驟2沾滿鏡面醬，撒滿花瓣（a）即完成。無論是讓巧克力球在花瓣中滾動，或從上方撒上都可以。

草莓覆盆子
粉紅黑醋栗蛋糕

一想到就能動手製作的簡單蛋糕，外觀是甜美的粉紅色。

也很適合當作女兒節的小點心。鮮奶油和黑醋栗泥不要過分攪拌。

改使用其他當季水果製作，美味不變！

材料（外長24×外寬17.5cm的容器1個份）

石竹、芬芳寶石玫瑰、伊夫伯爵玫瑰、繁星花、香雪球 —— 各適量

◉ 糖漬莓果

A 　冷凍覆盆子、冷凍藍莓 —— 合計220g
　　草莓（冷凍草莓亦可）—— 150g
　　細砂糖 —— 70g
　　草莓奶油水果茶※1 —— 150ml
　　純蜂蜜 —— 2大匙
　　玫瑰糖漿（P.69）—— 1大匙

手指餅乾 —— 8至10個

◉ 粉紅奶油

黑醋栗泥（或是覆盆子泥）—— 2大匙
希臘優格※2 —— 3大匙
鮮奶油（乳脂肪42%）—— 100ml

※茶葉2大匙注入熱水150ml。
※也可將原味優格（無糖）放在鋪了紙巾的濾網上30分鐘，製成水切優格代替。

作法

1　製作糖漬莓果：在鍋中放入A料，以大火加熱。沸騰後轉成中火，煮4至5分鐘，草莓煮軟後，關火冷卻。

2　將步驟1裡的水果以湯匙撈起，緊密平鋪在容器底部，並將手指餅乾緊密並排在水果上方。將步驟1的糖漿過濾後，淋2大匙在餅乾上（a），並預留約2大匙的糖漿。整體放入冷藏室靜置30分鐘以上。

a

3　製作粉紅奶油：鮮奶油以打蛋器打至9分發（尖角挺立，不會下垂的程度）。

4　在步驟3裡加入2大匙過濾後的糖漿攪拌，加入優格後，再繼續攪拌。

5　在步驟4裡加入黑醋栗泥，拉出大理石紋後，以橡皮刮刀將奶油刮到步驟2上。此時勿過分攪拌，以免大理石紋消失。最後撒上花朵裝飾就完成了。

手指餅乾
此處使用的是BAMBINI出品的手指餅乾，可在進口食品材料行等處購買得到。

草莓奶油水果茶
此處使用的是Fruit Garden出品的草莓奶油水果茶。以洛神花為基底，加入蘋果、玫瑰果、草莓調配，可在網路商店等處購買。

草莓白玫瑰帕芙洛娃蛋糕

以蛋白霜製成的甜點，魅力在於輕輕柔柔的口感。
製作的要訣有兩個，一是低溫烘烤，
另一是要將奶油打發到即使將調理盆翻轉也不會落下的程度。
淡淡飄出的玫瑰花香，營造浪漫的氛圍。

材料（直徑15cm的圓形蛋糕1個份）

草莓花、白玫瑰 —— 各適量
蛋白 —— 90g（3顆）
細砂糖 —— 165g
醋 —— 1/2小匙
A ｜ 玉米粉 —— 2小匙
　　玫瑰香精 —— 2至3滴
B ｜ 杏仁（大致切碎）—— 1大匙
　　開心果（大致切碎）—— 1大匙
◉**馬斯卡澎鮮奶油**
C ｜ 鮮奶油（乳脂含量35%）—— 70ml
　　糖粉 —— 1大匙
馬斯卡彭起司 —— 50g
玫瑰醬（P.85）—— 2大匙
草莓、覆盆子、黑莓等（裝飾用）—— 各適量

前置作業
‧烤箱預熱至80℃。如果烤箱最低溫是
　100℃，就預熱至100℃。

作法

1　將蛋白放入調理盆中，一邊少量多次加入
　細砂糖，一邊以電動攪拌器攪拌約10至15
　分鐘，中途加入醋。

2　打發至尖角挺立的程度（9分發）後，加
　入A料，並以橡皮刮刀稍微拌勻。

3　烤盤上鋪烘焙紙，以筆畫出直徑15cm的圓
　圈。以大湯匙將步驟2挖起，放到畫好的
　圓圈上。以湯匙背面將蛋白霜刮開，並作
　出起伏的波紋（a），讓中央稍微凹陷
　後，撒上B料。也可以將蛋白霜填入裝上花
　嘴的擠花袋中，擠在圓圈的中央（b）。

4　放入已預熱的烤箱中烘烤2小時。烤好
　後，出爐冷卻。

5　將C料放入調理盆中，以打蛋器攪拌，加
　入馬斯卡彭起司後，繼續攪拌均勻。

6　將步驟5放在步驟4的上方，整體淋上玫瑰
　醬，並裝飾水果和花朵就完成了。

香菫菜洛神花
巧克力咕咕霍夫

淋上滿滿巧克力醬的咕咕霍夫，很適合聖誕節。
只以香菫菜裝飾，營造出沉穩時尚的大人風格。
完成後可保存2至3日，依然美味不變。

材料（直徑15cm的咕咕霍夫模1個份）

香菫菜 —— 適量
洛神花 —— 適量
A　半甜巧克力（可可65%）—— 100g
　　奶油（無鹽）—— 100g
　　黍砂糖 —— 60g
蛋黃 —— 70g
B　蛋白 —— 85g
　　黍砂糖 —— 40g
低筋麵粉 —— 30g
杏仁粉 —— 40g
◉甘納許
C　半甜巧克力（可可含量60%）—— 60g
　　鮮奶油（乳脂含量35%）—— 50g
　　奶油（無鹽）—— 10g

前置作業

・將低筋麵粉和杏仁粉混合後過篩。
・烤箱預熱至170℃。
・在模具內側抹上薄薄一層奶油（分量外），
　再均勻撒上高筋麵粉（分量外），放入冷藏
　室。

作法

1　將A料放入調理盆中，一邊隔水加熱，一
　　邊以橡皮刮刀攪拌至光滑均勻後，從爐火
　　上移開。

2　將蛋黃少量多次加進步驟1的調理盆，以
　　電動攪拌器攪拌至乳化均勻。

3　另取一個調理盆放入B料，打發至尖角挺
　　立的程度（9分發）後，加進步驟2裡攪
　　拌。

4　將低筋麵粉和杏仁粉加進步驟3中，以橡
　　皮刮刀充分攪拌至整體出現光澤後，填入
　　擠花袋中。

5　將步驟4擠到模具的8分滿，放入已預熱的
　　烤箱中烘烤45分鐘。放在網架上降溫後，
　　脫模冷卻。

6　將C料放入調理盆中，以電動攪拌器攪拌
　　至整體光滑柔順，作成甘納許。將甘奈許
　　以湯匙淋在步驟5上（a），並裝飾上香菫
　　菜與洛神花（b）就完成了。

薑餅吊飾

以薑餅製作聖誕節時掛在聖誕樹或窗邊的吊飾。
一咬下，滿溢而出的薑味和辛香，令人著迷。
是相當適合大人的一品。

材料（方便製作的分量）

＊可製作直徑8cm的圓形約4個、直徑15cm的星形約2個、直徑12cm的星形約3個。

乾燥花（玫瑰、香菫菜、菊花P.68）—— 各適量

●**餅乾**（400g）

低筋麵粉 —— 180g

奶油（無鹽）—— 65g

A｜ 三溫糖 —— 50g
　｜ 綜合香料 —— 1/2大匙
　｜ 肉桂粉 —— 1/2小匙
　｜ 薑粉 —— 1/2小匙
　｜ 丁香粉 —— 1/4小匙
　｜ 鹽 —— 1/2小匙
　｜ 糖蜜 —— 50ml
　｜ 全蛋液 —— 1/2顆分
　｜ 香草精 —— 適量

●**糖霜**

B｜ 糖粉 —— 6大匙
　｜ 蛋白 —— 1大匙
　｜ 檸檬汁 —— 少許

蔓越莓乾 —— 適量（裝飾用）

向日葵籽 —— 適量（裝飾用）

作法

1　將低筋麵粉和奶油放入食物調理機中，攪拌至鬆散狀後，加入A料攪拌均勻。

2　將步驟1取出，整理成糰後以保鮮膜包起，靜置於冰箱冷藏室約半天。

3　烤箱預熱至170℃。以擀麵棍將步驟2擀成3mm厚，以餅乾模壓形（如果沒有模型，可利用厚紙作出模板，以切刻刀裁切形狀・a）。烤盤上鋪烘焙紙，將餅乾排列上去。

4　放入已預熱至170℃的烤箱中烘烤15至18分鐘後，放至網架冷卻。

5　將B料放入調理盆中攪拌均勻，塗抹在步驟4上。趁表面糖霜尚未乾燥，以食用花、蔓越莓乾、向日葵籽裝飾即完成。

玫瑰醬×3

市面上也很受歡迎的玫瑰醬，不是只能用在甜點製作，
也能搭配烤餅乾一起食用，或加入紅茶中，用途甚多。
玫瑰的種類很多，味道與香氣有所不同，故請選用食譜所指定的品種。
此三種玫瑰醬也屢次出現在本書的甜點製程中。

玫瑰醬

材料（方便製作的分量）

伊夫伯爵玫瑰─10g（約1杯）
A 水 ── 100ml
　　白葡萄酒 ── 100ml
　　細砂糖 ── 100g
　　純蜂蜜 ── 20g
　　檸檬汁 ── 3大匙
B 果膠 ── 8g
　　水 ── 50ml
玫瑰糖漿（P.69）── 1大匙

作法

1　將B料拌勻，使果膠溶
　　化。
2　將A料放入鍋中，以大火
　　加熱，沸騰後加入步驟1
　　攪拌。
3　在步驟2裡加入玫瑰花
　　瓣，以中火煮3分鐘。加
　　入玫瑰糖漿，稍微攪拌後
　　即可關火。
※裝入煮沸消毒過的玻璃瓶中保存。

玫瑰蘋果醬

材料（方便製作的分量）

芬芳寶石玫瑰 ── 3朵（約5g）
◉蘋果醬
蘋果（紅玉）── 200g
A 水 ── 2大匙
　　白葡萄酒 ── 3大匙
　　細砂糖 ── 100g
　　檸檬汁 ── 2大匙
B 果膠 ── 1小匙
　　水 ── 1大匙
純蜂蜜 ── 1大匙

作法

1　將蘋果削皮去芯，並切成
　　半月形。
2　將B料拌勻，使果膠溶
　　化。
3　將步驟1及A料放入果汁
　　機中，攪拌至泥狀。倒入
　　鍋中，並加入步驟2後，
　　開中火加熱。待煮沸後，
　　加入玫瑰花瓣，再煮2至3
　　分鐘。加入蜂蜜，稍微攪
　　拌後即可關火。
※裝入煮沸消毒過的玻璃瓶中保存。

玫瑰覆盆子醬

材料（方便製作的分量）

伊夫伯爵玫瑰─10g（約1杯）
A 水 ── 100ml
　　白葡萄酒 ── 100ml
　　細砂糖 ── 50g
　　純蜂蜜 ── 50g
　　檸檬汁 ── 3大匙
　　冷凍覆盆子 ── 60g
B 果膠 ── 8g
　　水 ── 50ml
玫瑰糖漿（P.69）── 1大匙

作法

1　將B料拌勻，使果膠溶
　　化。
2　將A料放入鍋中，以大火
　　加熱，沸騰後加入步驟1
　　攪拌。
3　在步驟2裡加入玫瑰花
　　瓣，以中火煮3分鐘。加
　　入玫瑰糖漿，稍微攪拌後
　　即可關火。
※裝入煮沸消毒過的玻璃瓶中保存。

EDIBLE FLOWER GUIDE

花 圖 鑑

介紹本書中所使用的食用花、葉片、果實。

【圖鑑使用法】①季節 ②花語 ③註釋

草莓與草莓葉

①全年（不定期） ②愛與尊敬・幸福的家庭・天真爛漫・清淨 ③ 花朵小且白，楚楚可愛，部分品種的花瓣為粉紅色。

鳳仙花

①3至11月 ②個性強烈・豐富 ③花色有紅、粉紅、白、紅紫色等，口感有如萵苣般清脆爽口。

萬鈴花

①5至7月・9至11月 ②和你在一起就能心情平靜・安心・放鬆 ③花瓣柔軟，咀嚼後也不太會有苦味。

玫瑰

伊夫伯爵玫瑰

①5至12月 ②愛・美・光輝・嫻雅・一見鍾情 ③食用玫瑰的代表品種，花色粉紅，花形圓而可愛，華麗受歡迎。花瓣薄且花香濃郁，花瓣大，可當容器，且玫瑰含有豐富的纖維質。

芳香寶石玫瑰

①5至12月 ②無 ③帶有白色絞紋的迷你玫瑰，特徵是柔軟的花瓣，以及淡淡飄逸而出有深度的香氣。帶有少許甜味，易入口。深濃的紅紫色，鮮明美麗，非常適合用來作甜點的裝飾，很有人氣。

閃電玫瑰（Eclair）

①5至12月 ②愛・溫暖的心・銘記在心 ③可愛迷你，盛開時大小也只有約直徑2公分。秀麗的淡綠色花瓣沒有玫瑰特有的香味，比較接近蔬菜般的氣味。

石竹

石竹

①3至6月・10至12月 ②純愛・貞節・大膽・純愛（粉紅）／靈巧・才能（白） ③別名「五彩石竹」，除去花萼後的前端部分，甜味尤其強烈。維他命C含量據說較其他食用花來得豐富，是日本秋天七草其中之一。

長萼瞿麥

①3至6月・10至12月 ②大膽・才能・純愛 ③香味輕淡溫和，味道柔順無雜味，萼片帶苦味。花瓣尖端深裂成細線狀，楚楚可憐中又帶有華麗的氣息。花色有白色、粉紅、紫色等。

雜交石竹

①3至12月 ②純愛・天真爛漫・才能・大膽 ③由石竹雜交後選育出的品種，味道柔順無雜味，萼片帶苦味。

菊花

菊花

①全年 ②高貴・高尚・清高 ③可以說是日本人最熟悉的食用花種類，含有豐富的β胡蘿蔔素、維他命C、葉酸等維他命E群、礦物質，且具有排毒的效果。

杭菊

①全年 ②我愛你・誠實・信賴・忠實・少女的戀愛 ③放入滴了醋的熱水中川燙，就有清脆的口感，且顏色不變，風味更深。除了用於甜點，也適合搭配生菜食用，清爽順口。

延命樂

①10月下旬至11月上旬 ②愛情 ③特徵是清脆的口感，日本山梨縣的衛生研究所證實，此種菊花的花瓣含有具防癌功效的成分。

幸運草

四葉幸運草（白三葉草）

①4至6月・9至10月 ②請想念我・請成為我的・幸運・約定 ③越咀嚼越甘甜，有豆科特有的風味。口感稍硬，接近根部的小葉片會比已經長大的葉片來得柔軟易食。

幸運草（白三葉草）

①4至6月・9至10月 ②請想念我・約定 ③有嚼勁，帶有四季豆般的風味，相當好吃。以開著白色小花的幸運草裝飾甜點，能營造出素雅氛圍。

波斯菊

①9至11月 ②少女的真心‧謙虛‧調和‧和平‧美麗‧優美（白）／純潔（粉紅）③廣為人知的秋季花卉之一，花色多，能作各式各樣的表現，花瓣稍微帶有菊花般的苦味。

黃波斯菊

①7至10月 ②野性美‧幼小的愛慕之心 ③稍微帶有苦味，花色有黃色、橙色等，明亮華麗，光看就能讓人有精神。原產地為墨西哥，大正時代傳入日本。

番紅花

①11月 ②有秩序的美‧開朗‧喜悅‧愉快 ③此處指秋天開花的品種，雖然葉片花朵與春天開花的觀賞用番紅花（有毒性）類似，但開花時期完全不同，而且花色只有紫色一種。每一朵花有3枝紅色雌蕊，摘取乾燥後可當香料或染料使用，特徵是其獨特的香味。

百日草

①6至9月 ②想念不在的友人‧不要大意 ③也稱「百日菊」，花瓣厚，且有清脆的口感，稍微帶有苦味。以食用花而言較耐高溫，裝飾在低溫烘烤的餅乾上，花色較能維持。

萬壽菊

①3至11月 ②預言 ③花瓣稍微厚實，帶有菊花科獨特的香味。將花瓣一片一片分開，較易食用。川燙過後會有清脆的口感，風味類似茼蒿。

香雪球

①10至5月 ②優美 ③有淡淡香甜的清香，沒有雜味，小花成簇。花色有白、紫、紅、粉紅、橙色。

三色菫

①11月‧2至4月 ②謙虛‧誠實‧小小的幸福‧貞節‧愛 ③品種多，除了紫色之外，還有白色、黃色。香氣和味道依品種而有不同，有的帶有些許甜味，有的咀嚼後會出現黏液。在歐洲，糖漬三色菫花瓣相當有名。

大理花

①6至10月 ②華麗‧氣質‧優雅‧見異思遷 ③依據品種不同，花朵大小與花色豐富多變。過去曾有大理花不能食用的迷信，帶有些微類似菊花的香味。花色有紅、白、黃、粉紅色等，夏季溫度過高時會暫時從市面上消失。

夏菫

①6至11月 ②靈光一閃‧溫和‧嫵媚可愛‧楚楚可憐 ③又名「蝴蝶草」，在花不多的盛夏，依然開花旺盛。帶有淡淡苦味，幾乎沒有香味。沒有雜味，有著清脆的口感，如吊鐘的花形相當可愛。

金蓮花・金蓮花葉

①5至11月 ②愛國心・勝利・克服困難 ③帶有類似芥末菜和西洋菜的辛辣味，且有辛香料的香氣，口感柔順，易入口。除了花朵外，蓮葉般的葉片和嫩果實也可食用。含有豐富的維他命A、維他命C、鐵質等，維他命A的含量是波菜的5倍。花色有紅、黃、白、紫色等。

油菜花

①12至4月 ②小小的幸福・快活的愛・明亮 ③十字花科的花芽，莖葉可川燙後淋醬油食用，是廣為人知的食用花之一。已盛開的花朵，有著十字花科特有的高麗菜風味，中心部位帶有淡淡的甘甜。

香菜的花

①6至7月 ②不為人知的才能・不為人知的場所・隱藏的美・祕密的財富 ③形似蕾絲花的白色花朵，和葉片一樣有著獨特的香味，若添加於甜點，能帶來清爽的風味。也很適合用來當作生春捲或東南亞風料理的裝飾。

香菫菜

①11至5月 ②誠實・堅定的靈魂・純愛・勿忘我・請思念我 ③即使是較大的花朵，也只有拇指大小。花色豐富，有黃、紫、紅、橙、粉紅色等，是裝飾用食用花的人氣花種。花期最盛期時的甜味最強（尤其是黃色花），風味清爽，沒有雜味，香味幾乎不會影響到其他食材。含有豐富的食物纖維、維他命A・C，β胡蘿蔔素是番茄的4倍。

向日葵

①7至9月 ②崇拜・熱情・我的眼中只有你 ③帶有清爽感的甘甜香味，以及淡淡的苦味。

茴香

①8至11月 ②稱讚・力量・毅力・勉強而來的戀情・堅強的意志 ③花和葉片、果實一樣，都有著獨特的香味。綠色的嫩果實甜味強，適合當作烘焙點心的辛香料。

報春花

①12至5月 ②青春之戀・沒有你我活不下去・素雅・沒有束縛的愛・開創命運 ③櫻草的同類，有淡淡的甜味。花色豐富，有紅、紫、粉紅、白、黃、橙色。

秋海棠

①4至7月・9至12月 ②單戀・愛的告白 ③花瓣厚實，口感清脆，味道酸甜好吃。富含維他命A・C，和水果的搭配度高。花色有紅、粉紅、白、黃、橙、藍、紫色等。

繁星花

①5至10月 ②願望・希望實現 ③別名「山丹花」，學名Pentas來自於希臘語中的「Pente」，意指數字五，因五片花瓣呈現出星型而命名。適合裝飾在整個甜點上。花色有紅、粉紅、紫、白色等，淡淡甘甜，無雜味易入口。

啤酒花

①9至10月 ②希望・信心・天真爛漫 ③雌雄異株的蔓性草本植物，雌株有被稱為「毬花」（但不是花）的器官，形狀類似球果，是為啤酒增添苦味的原料。毬花蕾、初春時長出的細柔新芽皆可食用。

琉璃苣

①3至7月 ②勇氣・變心・善變 ③有著類似小黃瓜的香味，奶油般柔順的味道。如藍紫色星星的花形花色，受人喜愛。花色有天藍色等色，若將花朵浮在白葡萄酒上，花色會從藍色轉變成粉紅色。葉片和花朵含有豐富的鈣、鉀、礦物質等營養素，因此常作為花草茶的配方。

薄荷

①7至10月 ②美德・爽快・溫暖的心 ③小巧纖細的花朵密集於葉片的基部。薄荷的魅力就在充滿清涼感的香味，花色有白、粉紅、紫色等。

薰衣草

①5至7月 ②沉默・纖細・優美 ③特徵是濃郁的香氣，品種多，花朵大小、香味略有不同。開花後，獨特的香氣倍增。乾燥薰衣草常被作為花草茶飲用，花色有紫、粉紅、藍、白色等。

洛神花

①3至9月 ②纖細的美・新的戀情 ③所食用的為花朵凋謝後膨大的花萼，酸味強。

Q & A 食用花Q & A

Q.1 有哪些花是不能吃的嗎？

A. 在花店裡販賣的觀賞用花卉，幾乎都使用了農藥和保鮮劑等化學物品，吃了會對人體造成傷害，請千萬不要與食用花混用。

此外，由於農藥成分容易集中於花朵，因此以化學肥料栽培的花卉也不適合作為食用花。部分花卉具有毒性，不確定是否安全時，請絕對不要食用。

具有毒性而不能食用的花卉

銀蓮花、烏頭、石楠花、蓮華躑躅、鈴蘭、側金盞花、紫茉莉、鐵線蓮、水仙、石蒜、小連翹、聖誕玫瑰等。

Q.2 可以自行栽培食用花嗎？

A. 當然可以，可從種子或培育作為食用花用途的花苗開始栽培。

Q.3 食用花可在哪些地方購買？

A. 可在大型超市或網路商店等處購買。

關於maro（本書食用花提供）

●從栽培方式開始就進行嚴密的管理。●栽培時不使用農藥和化學肥料，或者極力不使用。●由生產者紀錄栽培的過程。●maro會進行實地考察，僅在得到認可的農場栽培生產。

maro

http://hana-maro.com/ （網路商店）

EDIBLE FLOWER FARMERS

走訪食用花的生產農場

為了知道食用花究竟如何栽培，
我走訪了協助本書的食用花生產者，實際與他們對話。
雖然每個農場的栽培方式天差地遠，但對花所投注的愛卻都是一樣地深，
經過探訪後，讓我對食用花這種食材的愛戀更加深了不少。
接著就讓我來介紹平常很少有機會能認識的食用花生產農場。

拜訪長野的草莓園

一大早，我來到位於長野縣松本市郊外的「あずみ野スカイファーム」。這裡每年6月至12月會出產夏季草莓，供應給有需求的蛋糕店或餐廳。負責生產的是百瀨善廣先生，及他的賢內助順子小姐。在本書P.78「草莓與白玫瑰的帕芙洛娃蛋糕」中登場，小巧可愛的草莓和草莓葉片，就是來自於あずみ野スカイファーム。草莓是在溫室中生產栽培，而一旁的農地開滿了波斯菊、茴香等植物，像是野地裡的花朵般，自由奔放地生長綻放。百瀨

先生說他會在種植草莓的閒暇，嘗試著在田地裡不使用農藥，野放栽培用花。當我看到百花爭艷的食用花時，心想如果野餐時能隨手帶一束食用花，在喝冰涼的香檳或冰茶之前撒上花瓣，那樣的玩賞方式是多麼的有趣啊！

長野的食用花農場

接著我拜訪了在長野縣很早就開始生產食用花的農場「グランジャ」。負責人三水亞矢小姐告訴我，這裡原本主要生產販售給飲食業者的蔬菜水果，後來為了將歐洲的蔬菜介紹給廚師，而開始栽培食用花。隨著食用花的詢問度增加，為了迎合顧客需求，慢慢就變成了本業之一。

非常不可思議的是，這裡的食用花是在農場中以自然農法栽培。三水小姐表示：「不使用農藥，也不撒肥料，可以說是野放。」農場裡到處都看得到青蛙，也或許是因為有大蜘蛛織網吧，花朵和葉片上幾乎看不

到有被蟲啃食光的情形。連土壤也鬆鬆柔柔，就像走在長毛地毯上一般，據她說，這並不是因為有特別費心耕耘。當我問她：「我在家裡的庭院種香草或種花，馬上就會被蟲吃光，其中的差別究竟是什麼呢？」她也只是笑笑回答：「到底是為什麼呢？」真的非常地不可思議。但她也告訴我：「要將食用花有計畫性地大量生產和出貨，野放栽培的方式或許並不適合。」處在長野的大自然裡，我似乎感覺到有股強大的生命力，正寄宿在這些自由旺盛生長的花朵中。

進行嚴格管理的長野玫瑰農家

長野縣的玫瑰生產者「荒井玫瑰園」，於5月至12月間生產食用花，負責栽培生產的是荒井夫婦——健悟先生和綾小姐。荒井玫瑰園原本是栽培觀賞用的玫瑰，但因工作時所認識的廚師一句「如果有玫瑰的食用花多好」，才在數年前開始栽種能食用的玫瑰。會盡可能將農藥減到最少量，為了防蟲甚至在溫室拉起第二層網，嚴格實行防蟲措施。本來玫瑰就是一種對病蟲害、環境變化耐性不強的花卉，加上必須將農藥減少到可以食用的程度，我想這個過程應該相當不容易。荒井先生說：「近年來，慢慢一點一點地抓到了訣竅。也許在很快的將來，就能改為無農藥栽培了。」雖然我也想要在自己的庭院裡種植玫瑰，然後撒在蛋糕上，或作成玫瑰醬，但目前看起來，要在自家以無農藥或減農藥方法栽培玫瑰，似乎仍是一件難事。

拜訪新潟的老字號食用花農家

位於新潟縣，16年前就開始栽培食用花的老字號「脇坂園藝裡」，連延數棟的溫室中，食用花的盆栽整齊漂亮地排列著，產品提供給全國各地的婚宴場、餐廳、蛋糕店。負責人脇坂先生告訴我，他之所以開始栽培食用花，是因為他深信自己「食用花的需求會增加」的直覺。但實際開始栽培後，才發現比原本想像的要來得辛苦許多。全家人和作業員們每天總動員，拿著毛刷，刷過每一片花瓣之間，確認有沒有蟲藏在其中。「曾經想找出更合理的作法，但經過反覆試驗的結果，還是這種費人力的作業方式，最為確實。」脇坂先生如此表示。這裡完全無農藥栽培，而溫室外的田地裡，雖然量不多，但種了矢車菊、洛神花等較為特別的花種，因此想要購買獨特食用花的廚師或買家就會來找脇坂先生。

脇坂先生興高采烈地說：「我想要更加擴展食用花的可能性。」因為有這樣的抱負，他不僅著手開發食用花和米餅乾結合的甜點，也在溫室和田地的旁開設了可以享用食用花甜點的咖啡廳。隨著近幾年食用花的報導增加，他深信，一般家庭也已經開始了食用花的熱潮了！

EPILOGUE

後記

「製作以食用花裝飾的甜點」。

當我接到這麼棒的企劃時，我第一個想到的是，我要先從走訪實際栽種這些花朵的產地開始。

在出版社的編輯以及許多人的協助下，我如願拜訪了長野和新潟的食用花生產農場。到了農場的第一印象是，各式各樣的花都很細心周到地被栽培著。看著花，我不由自主地連聲說了許多次「好可愛！好漂亮！」聽了生產者們的說明後，我深深感受到這些農家以愛心栽培食用花的態度，也理解了食用花的安全性。

此外，令我驚訝的一點是，原來食用花有這麼多的種類！

回到工作室後，我很希望食用花也能像一般常見的香草植物般，讓更多的人輕鬆愉快地利用，因此構想了本書中的甜點。

我盡可能讓每一道甜點的食譜都簡單易懂，再加入花朵的美麗元素，讓任何人都能簡單地就能提升甜點的風格層次。

無論是誰，在收到花朵的時候，我相信一定都會很開心。

沒錯！那是一種無與倫比的幸福感覺。我想，甜點也是一樣的。

所以我稱食用花是一種「帶來更多幸福的美麗魔法」。

食用花甜點不是只有外觀的美感而已，我相信這是一種能將心意更加傳遞給對方的方法。

而且，食用花的種類、花色，有著豐富多樣的選擇性。

樸素的餅乾只要裝飾上四葉幸運草，馬上就增添可愛魅力，變身為滿載心意的特別禮物。

日常的小點心只要多個簡單步驟，就能變得獨特又美麗。

無論是作為禮物，或用在慶祝紀念日、款待來客，

亦或是犒賞自己的小獎勵，

都請務必試著作作看。

從鮮花到押花、乾燥花，

我思考著各種豐富多樣的花朵應用，而寫下了這本書。

本書是在眾多人士的協助下才得以發行，

請讓我在此表達最誠摯的感謝。

食物造型師 袴田尚弥

國家圖書館出版品預行編目(CIP)資料

花甜點：華麗美味的可食花甜點44品 / 袴田尚弥著；
楊妮蓉譯.
-- 初版. -- 新北市：良品文化館出版：雅書堂文化發
行, 2019.03
　面；　公分. -- (蔬食良品；4)
ISBN 978-986-7627-03-2(平裝)
1.點心食譜 2.食用植物
427.16　　　　　　　　　　　　　　108000367

蔬食 良品 ▶ 04

花甜點
華麗美味的可食花甜點44品

作　　者／袴田尚弥
譯　　者／楊妮蓉
發 行 人／詹慶和
總 編 輯／蔡麗玲
執行編輯／陳昕儀
編　　輯／蔡毓玲・劉蕙寧・黃璟安・陳姿伶・李宛真
執行設計／韓欣恬
美術編輯／陳麗娜・周盈汝
內頁排版／鯨魚工作室
出 版 者／良品文化館
郵政劃撥帳號／18225950
戶　　名／雅書堂文化事業有限公司
地　　址／220新北市板橋區板新路206號3樓
電子信箱／elegant.books@msa.hinet.net
電　　話／(02)8952-4078
傳　　真／(02)8952-4084

2019年3月初版一刷　定價 380 元

FLOWER SWEETS
©NAOMI HAKAMATA 2017
Originally published in Japan in 2017 by Seibundo Shinkosha
Publishing Co., Ltd.,
Traditional Chinese translation rights arranged with Seibundo
Shinkosha Publishing Co., Ltd.,
through TOHAN CORPORATION, and Keio Cultural Enterprise
Co., Ltd.

經銷／易可數位行銷股份有限公司
地址／新北市新店區寶橋路235巷6弄3號5樓
電話／（02）8911-0825　傳真／（02）8911-0801

版權所有・翻印必究

STAFF

設計／宮崎絵美子
攝影／川上輝明（bean）
校正／小嶋圭美
插畫／市江まあさ
料理助手／加賀谷えみ、相田律子
企劃・編輯／斯波朝子（Office Cuddle）

材料協助

CUOCA
東京都目黒区緑が丘2－25－7「スイーツフォレスト」
0570-00-1417 https://www.cuoca.com/
烘焙材料用具専門店

株式会社maro
大阪府大阪市中央区谷町6－4－8 新空掘ビル3Ｆ
0120-969-700 http://hana-maro.com/
食用花専門店
※本書中所使用的食用花可在株式会社maro的網站購得
（一部分除外）。但依季節或時機，會有無法供應的可能
性，敬請見諒。

攝影協助

株式会社脇坂園芸（食用花）
よしむら農園（食用花）
株式会社オーディーシー（食用花・植物工廠）
有限会社奥出雲薔薇園（食用玫瑰・さ姬・アップルロゼ）
廣田農園（乾燥食用花・乾燥金蓮花）
ベルバラ園（JAS有機認證食用花）
有限会社グランジャ（玫瑰・蔬菜水果的花等）